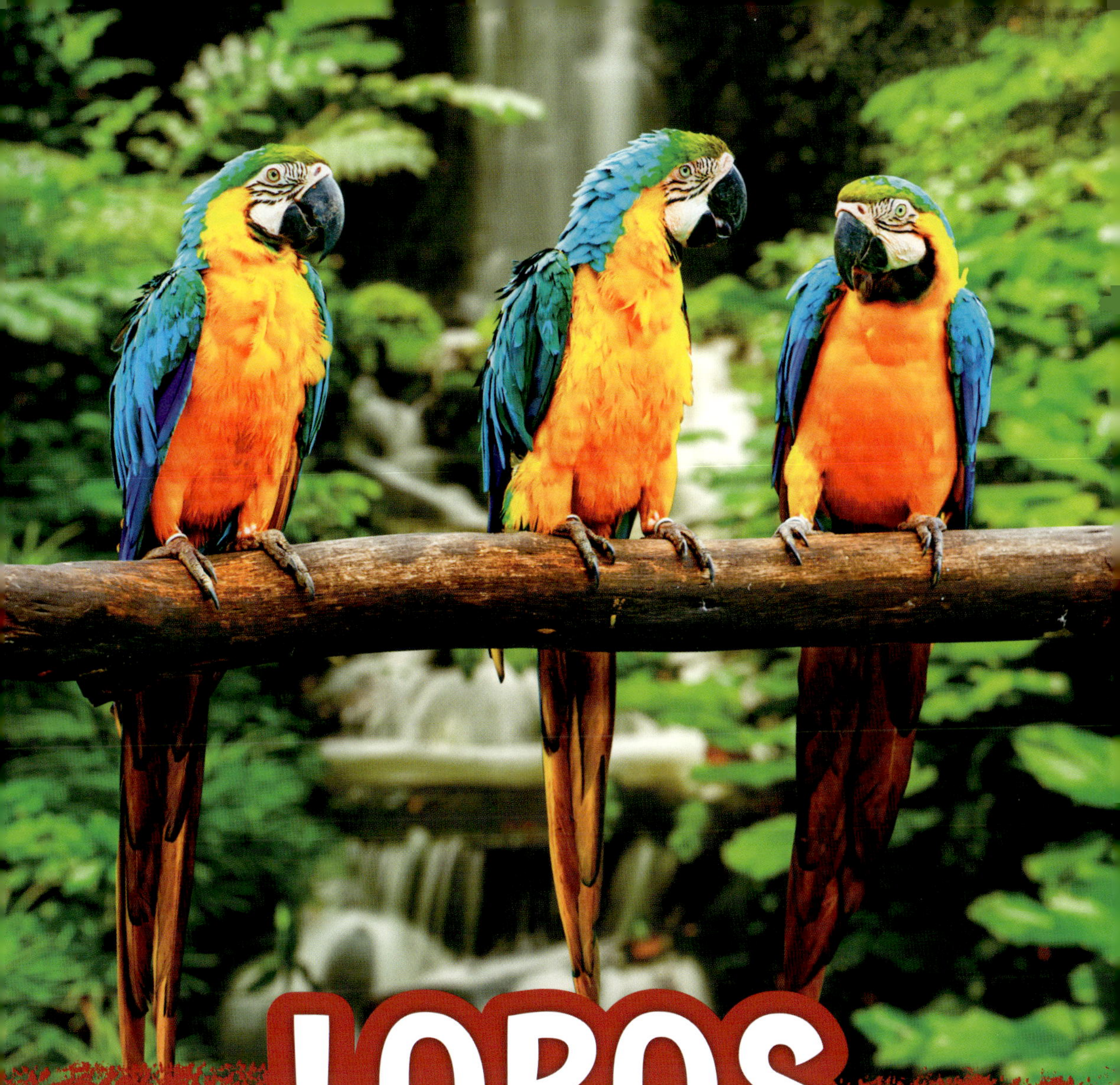

LOROS

Escrito por Mari Schuh

PEBBLE
a capstone imprint

Pebble Explore, publicada por Pebble, una marca de Capstone,
1710 Roe Crest Drive
North Mankato, Minnesota 56003
www.capstonepub.com

Los datos de CIP (Catalogación previa a la publicación, CIP) de la Biblioteca del Congreso se encuentran disponibles en el sitio web de la Biblioteca.
ISBN: 978-1-9771-2551-4 (library binding)
ISBN: 978-1-9771-2559-0 (eBook PDF)

Resumen: Ofrece datos básicos y detalles sobre los loros, el lugar donde viven, su cuerpo, lo que hacen y los peligros a los que se enfrentan.

Créditos de las fotografías
Shutterstock: A3pfamily, 23, BridgetSpencerPhoto, 9, Cuson, 18, dangdumrong, 24, David Roy Carson, 17, Dmitry Rukhlenko, 1, guentermanaus, 27, Herbert Eisengruber, 16, iweta0077, 25, Jiri Hrebicek, 13, Juriah Mosin, 5, Malgorzata Drewniak, 8, Nicole Kwiatkowski, 12, Petr Salinger, Cover, Phuong D. Nguyen, 20, Rafael Martos Martins, 7, Rosa Jay, 10, 11, SantiPhotoSS, 22, Super Prin, 14, Tracy Starr, 15, Wiratchai wansamngam, 21

Créditos editoriales
Mandy Robbins, editora; Dina Her, diseñadora; Morgan Walters, investigadora en medios; Tori Abraham, especialista en producción

Dedicatoria
A Logan y Ava—MS

Printed in the United States 5087

Tabla de contenidos

Las palabras en **negrita** están en el glosario.

Loros asombrosos

Es un día caluroso y húmedo en el **bosque tropical**. Se ha reunido un grupo de loros. Están en lo alto de los árboles. ¡Los loros hacen mucho ruido! Se llaman entre sí. Hacen chirridos cortos. Graznan muy alto.

Los loros son aves coloridas. Tienen el pico curvo. Hay más de 350 tipos de loros. Los guacamayos y los periquitos son loros. Los tortolitos y los loris también son loros.

Dónde viven los loros

Casi todos los loros silvestres viven en la parte sur del mundo. Normalmente viven en los bosques tropicales. Estos bosques son templados o calurosos. Allí llueve mucho. Los loros se esconden en los árboles. En el bosque tropical encuentran muchos alimentos.

Mapa de distribución de los loros

Los loros también viven en otros sitios. Algunos viven en desiertos. Son áreas secas. Algunos loros viven en montañas nevadas. Otros viven en pastizales.

Los loros viven en los troncos de los árboles. Buscan agujeros dentro de los troncos. Hacen sus nidos ahí.

Algunos loros viven en lugares donde no hay árboles. Buscan otros sitios para vivir. Se meten en los **montículos** que construyen las termitas. Viven dentro de los cactus.

Algunos loros viven en zonas frías. Hacen sus nidos en la tierra.

El cuerpo de los loros

Hay loros de distintos tamaños. Los pequeños solo miden 3.5 pulgadas (9 centímetros) de alto. Otros son mucho más grandes. Pueden medir 40 pulgadas (102 cm) de alto.

Los loros pequeños son livianos. Algunos solo pesan 0.3 onzas (8.5 gramos). Los grandes son más pesados. ¡Algunos loros grandes no pueden volar! Estas aves llegan a pesar 6.6 libras (3 kilógramos).

Los loros son coloridos. Tienen plumas brillantes. Muchos loros tienen las plumas verdes. También tienen plumas rojas, amarillas y azules. Algunos loros son negros, grises o blancos. Muchas veces, el macho y la hembra se parecen.

Los colores brillantes de los loros los ayudan a camuflarse en el bosque. Pueden tener los mismos colores que las flores y frutas. Se esconden del peligro.

El loro tiene el cuerpo corto. Tiene la cabeza grande y el cuello corto. Su pico es curvo. El pico es grueso y fuerte. Ayuda al ave a trepar.

Las garras fuertes ayudan a los loros a sujetarse a las ramas. Los loros tienen cuatro dedos en cada garra. Dos dedos apuntan hacia delante. Dos apuntan hacia atrás. Los loros usan los dedos para trepar y agarrar la comida.

Comer

Los loros buscan comida en los árboles. Comen semillas y nueces. También comen **capullos** de flores. Los loros también buscan fruta para comer.

Algunos loros cavan en la tierra. Buscan insectos para comer.

El lori vuela hacia las flores cuando tiene hambre. Se alimenta de **polen** y **néctar**. Tiene una lengua especial. La punta es como un cepillo. Le sirve al ave para chupar el néctar. El ave también chupa el jugo de la fruta.

Los loros usan las garras y el pico para comer. Agarran la comida con el pico. Tienen un pico fuerte. Abren las nueces duras con el pico. Los loros usan las garras para llevarse la comida al pico.

Los loros prueban la comida con la boca. También la prueban con la garganta.

Qué hacen los loros

Los loros son aves **sociales**. Viven en grupos llamados **bandadas**. Algunas bandadas tienen hasta 30 pájaros. Vivir en una bandada los ayuda a estar a salvo. Unos buscan comida. Otros vigilan por si hay peligro.

Los loros buscan comida durante el día. Pueden volar muy lejos para buscar comida. Por la noche, la bandada duerme en lo alto de los árboles.

Los loros son ruidosos. Hacen sonidos fuertes en el bosque.

Los loros hacen sonidos por muchas razones. Comparten información. Reclaman su territorio o área donde viven. Los sonidos les sirven para decirles a los demás dónde están.

Los loros son aves inteligentes. Los loros mascota pueden imitar la voz de las personas. Y pueden aprender muchas palabras.

Muchos loros se **aparean** con la misma pareja de por vida. Las hembras ponen dos huevos por vez.

Los **polluelos** salen del huevo a los 30 días. Nacen casi desnudos. Tienen los ojos cerrados. El padre y la madre alimentan a sus crías. Los polluelos se quedan con sus padres entre tres y ocho semanas.

Los loros viven muchos años. Algunos llegan a vivir entre 60 y 80 años.

Peligros de los loros

Hay muchos tipos de loros que están **en peligro de extinción** o en peligro de desaparecer. Están en peligro por muchas razones. A veces se talan los árboles donde viven. La gente usa el terreno para construir casas y cultivar cosechas. Así, los loros tienen menos sitios donde vivir. Y algunos animales, como los monos y las serpientes, comen polluelos de loro.

Algunas personas atrapan a los loros silvestres. Los venden como mascotas. Los loros pueden morir durante el viaje a la tienda de mascotas.

Hay leyes que protegen a los loros. En muchos sitios es ilegal atrapar y vender loros silvestres.

Muchas personas protegen a los loros. Se esfuerzan para que no desaparezcan. Buscan maneras de evitar que se talen los árboles.

Hay grupos que se aseguran de que las tiendas de mascotas no vendan loros silvestres. Quieren que los loros tengan una larga vida en estado salvaje.

Datos rápidos

Nombre: loro

Hábitat: bosques tropicales, bosques, pastizales, montañas

En qué lugar del mundo (distribución): mitad sur del mundo

Alimentos: semillas, fruta, nueces, néctar, polen y capullos de flores

Depredadores: halcones, águilas, serpientes, monos

Expectativa de vida: hasta 80 años

Glosario

aparearse—juntarse con otro para producir crías

bandada—grupo de pájaros del mismo tipo

bosque tropical—bosque denso donde llueve casi todos los días

capullo—pequeño brote en una planta que se convierte en una hoja o una flor

depredador—animal que caza y come a otros animales

en peligro de extinción—que está en riesgo de desaparecer

montículo—colina o montón de tierra

néctar—líquido dulce que tienen muchas flores

polen—polvo quc producen las flores para crear nuevas semillas

polluelo—pájaro joven

social—que vive en grupos o manadas

Índice